中国建筑业协会团体标准

轨道交通地下防水工程细部构造技术规程

Technical specification for waterproof details of rail transit underground engineering

T/CCIAT 0027—2020

主编单位：北京东方雨虹防水技术股份有限公司
　　　　　北京市政路桥股份有限公司
批准部门：中　国　建　筑　业　协　会
施行日期：２０２１年２月１０日

中国建筑工业出版社

2021　北京

中国建筑业协会团体标准
轨道交通地下防水工程细部构造技术规程
Technical specification for waterproof details of
rail transit underground engineering
T/CCIAT 0027－2020

*

中国建筑工业出版社出版、发行（北京海淀三里河路9号）
各地新华书店、建筑书店经销
霸州市顺浩图文科技发展有限公司制版
廊坊市海涛印刷有限公司印刷

*

开本：850毫米×1168毫米 1/32 印张：2⅛ 字数：55千字
2021年2月第一版 2021年2月第一次印刷
定价：30.00元
统一书号：15112·36837
版权所有　翻印必究
如有印装质量问题，可寄本社图书出版中心退换
（邮政编码 100037）
本社网址：http://www.cabp.com.cn
网上书店：http://www.china-building.com.cn

中国建筑业协会
公告

第 027 号

关于发布《轨道交通地下防水工程细部构造技术规程》的公告

现批准《轨道交通地下防水工程细部构造技术规程》为中国建筑业协会团体标准，编号为 T/CCIAT 0027—2020，自2021年2月10日实施。

本标准由中国建筑业协会委托中国建筑工业出版社发行。

中国建筑业协会
2020 年 12 月 10 日

前 言

根据中国建筑业协会《关于开展第二批团体标准编制工作通知》(建协函〔2018〕52号)的要求,编制组经广泛调查,认真总结实践经验,参考现行国家和行业有关标准,在充分征求意见的基础上,制定本规程。

本规程主要技术内容包括:1.总则;2.术语;3.基本规定;4.明挖法防水细部构造;5.盾构法与TBM法防水细部构造;6.矿山法防水细部构造;7.顶管法防水细部构造。本规程对轨道交通地下工程的各类接缝等细部构造提出了详细的防水技术措施,涵盖了设计与施工所需注意的事项,可为今后轨道交通的防水设计与施工提供参考依据。

本规程由中国建筑业协会负责管理,由中国建筑业协会建筑防水分会负责具体技术内容解释,执行过程中如有意见或建议,请寄送至中国建筑业协会建筑防水分会(地址:北京市西城区德胜门外大街36号A座417室,邮政编码:100120)。

本规程主编单位:北京东方雨虹防水技术股份有限公司
　　　　　　　　北京市政路桥股份有限公司
本规程参编单位:上海市隧道工程轨道交通设计研究院
　　　　　　　　上海市城市建设设计研究总院(集团)有限公司
　　　　　　　　中国建筑业协会建筑防水分会
　　　　　　　　北京城建设计发展集团股份有限公司
　　　　　　　　福建省建筑工程质量检测中心有限公司
　　　　　　　　中建三局集团有限公司
　　　　　　　　科顺防水科技股份有限公司
　　　　　　　　河南安信达防水保温有限公司
　　　　　　　　深圳市卓宝科技股份有限公司

北京圣洁防水材料有限公司
上海三棵树防水技术有限公司
河南省蓝翎环科防水材料有限公司
上海泰伦建设发展有限公司
湖北华宇防水材料科技股份有限公司
中建二局土木工程集团有限公司
重庆赛迪施工图审查咨询有限公司
广州市泰利斯固结补强工程有限公司
中国电建市政建设集团有限公司
中建隧道建设有限公司
贵州建工集团有限公司
贵州建工集团第四建筑工程有限责任公司
中铁电气化局集团北京建筑工程有限公司
四川杨氏达防水材料有限公司
亚太建设科技信息研究院有限公司
上海建科检验有限公司
河北省建筑防水协会

本规程主要起草人员：曲　慧　陆　明　胡勇红　吕培林
　　　　　　　　　　陈心茹　邵　臻　贾　逸　陈丰弘
　　　　　　　　　　张中杰　周翰林　刘国庆　李凌宜
　　　　　　　　　　张可文　梅　阳　刘文彬　艾福昆
　　　　　　　　　　任志平　吴　勇　叶　吉　秦贺威
　　　　　　　　　　谭　武　杜　昕　蔡正伟　苏怀武
　　　　　　　　　　李梓宾　张延东　熊　强　丁学正
　　　　　　　　　　廖满平　倪　忠　雷建华　邱小佩
　　　　　　　　　　孟庆婕　李国栋　杜永强　谭芝文
　　　　　　　　　　罗朝虎　郎　晴　徐天勇　王学东
　　　　　　　　　　俞颖菲　杨际梅

本规程主要审查人员：杨健康　张　勇　王　甦　李　栋
　　　　　　　　　　曹征富　朱志远　王建明　郭群录
　　　　　　　　　　蔡昭昀

目 次

1 总则 ·· 1
2 术语 ·· 2
3 基本规定 ·· 4
4 明挖法防水细部构造 ··· 5
　4.1 施工缝 ·· 5
　4.2 变形缝和诱导缝 ·· 12
　4.3 其他细部构造 ·· 18
5 盾构法与TBM法防水细部构造 ····································· 25
　5.1 管片接缝 ·· 25
　5.2 始发、接收洞口 ·· 29
　5.3 手孔封堵 ·· 31
　5.4 管片接缝嵌缝 ·· 34
　5.5 联络通道接缝 ·· 35
6 矿山法防水细部构造 ··· 37
　6.1 变形缝 ·· 37
　6.2 施工缝 ·· 39
　6.3 排水系统 ·· 40
7 顶管法防水细部构造 ··· 43
本规程用词说明 ··· 45
引用标准名录 ··· 46
附：条文说明 ··· 47

Contents

1 General Provisions ··· 1
2 Terms ··· 2
3 Basic Requirements ··· 4
4 Waterproof Details of Cut and Cover Structure ············ 5
   4.1 Construction Joint ·· 5
   4.2 Deformation (Inducement) Joint ························· 12
   4.3 Other Details ·· 18
5 Waterproof Details of Shield Method and TBM Method ··· 25
   5.1 Segment Joint ··· 25
   5.2 Joint of Shield Tunnel with Shaft ························ 29
   5.3 Filling of Bolt Hole ··· 31
   5.4 Caulking of Segment Joint ································ 34
   5.5 Joint of Shield Tunnel with Cross Passage ············· 35
6 Waterproof Details of Mining Method ······················· 37
   6.1 Deformation Joint ··· 37
   6.2 Construction Joint ··· 39
   6.3 Drainage ·· 40
7 Waterproof Details of Pipe-jacking Structure ·············· 43
Explanation of Wording in This Standards ···················· 45
List of Quoted Standards ··· 46
Addition: Explanation of Provisions ···························· 47

1 总　　则

1.0.1 为保证轨道交通地下防水工程质量，做到安全适用、技术先进、经济合理，制定本规程。

1.0.2 本规程适用于轨道交通地下防水工程细部构造设计与施工。

1.0.3 轨道交通地下防水工程细部构造设计与施工除应符合本规程外，尚应符合现行国家和行业有关标准的规定。

2 术 语

2.0.1 自粘丁基橡胶钢板止水带 self-adhering butyl-rubber covered steel sheet waterstop

以镀锌钢板为芯材,双面包覆自粘丁基橡胶并带有隔离膜,能与现浇混凝土紧密结合,具有密封阻水功能的止水带。

2.0.2 遇水膨胀止水胶 hydrophilic expansion waterproofing sealant

以聚氨酯预聚体为基础、含有特殊接枝的脲烷膏状体,固化成型后具有遇水体积膨胀密封止水的作用。

2.0.3 预埋式注浆管 grouting pipe embedment for concrete joint waterproofing

以不锈钢弹簧或硬质塑料、硬质橡胶为骨架,在施工阶段预先设置于混凝土接缝中,通过后续注浆达到堵漏止水或充填密实效果的注浆管材。

2.0.4 内装可卸式止水带 detachable waterstop installed on the inner surface of deformation joint

设置于变形缝内表面,形如 Ω 状的可拆卸橡胶防水密封材料。

2.0.5 密封垫 gasket

由工厂加工预制,粘贴在管片接缝沟槽内的密封材料。

2.0.6 挡砂条 sand retaining strip

设置于管片密封垫外侧的遇水膨胀类或海绵类条状材料。

2.0.7 帘布橡胶圈 cord rubber ring

以浸胶帘子布线和橡胶为材质,制作成环形的盾构出洞防水材料。

2.0.8 止水圈 waterstop ring

设置于顶管管节无钢套筒一端外表面的橡胶密封材料。

2.0.9 软式透水管 flexible permeable hose

以经防腐处理并外覆聚氯乙烯（PVC）或其他材料保护层的弹簧钢丝圈为骨架，以渗透性土工织物及聚合物纤维编织物为管壁包裹材料组成的一种复合型土工合成管材。

2.0.10 叠合式结构 superimposed structure

围护结构或支护结构和主体结构侧墙通过钢筋连接器连成整体，结合面传递剪力的结构形式。

2.0.11 复合式结构 composite structure

围护结构或支护结构和主体结构侧墙之间无间隙复合，两墙间有柔性防水层，不传递剪力的结构形式。

2.0.12 零覆土结构 zero overburden structure

根据工程需要顶部不回填覆土层直接进行道路或建筑铺装层施工的地下结构。

3 基本规定

3.0.1 轨道交通地下防水工程细部构造应遵循"防、排、截、堵相结合，多道设防，精心施工"的原则。

3.0.2 轨道交通地下工程应进行防水细部构造设计，并达到方案可靠、耐久适用、经济合理、施工简便、安全环保的要求。

3.0.3 轨道交通地下防水工程细部构造设计应包括下列内容：

1 防水材料执行标准。
2 防水材料断面尺寸要求。
3 防水材料设置部位要求。
4 防水材料接头处理要求。
5 不同防水材料搭接要求。
6 防水材料其他施工要求。

4 明挖法防水细部构造

4.1 施 工 缝

4.1.1 施工缝断面内的防水构造宜采用中埋式镀锌钢板止水带或自粘丁基橡胶钢板止水带、中埋式钢边橡胶止水带、遇水膨胀止水条（胶）和预埋式注浆管组合形成防水措施。

4.1.2 止水带不宜组合使用。垂直施工缝不宜采用镀锌钢板止水带或自粘丁基橡胶钢板止水带，水平施工缝不宜采用中埋式钢边橡胶止水带。

4.1.3 在水平施工缝混凝土浇筑前，应将其表面浮浆和杂物清除，然后涂刷混凝土界面处理剂或水泥基渗透结晶型防水涂料，再浇筑混凝土；在垂直施工缝混凝土浇筑前，应将其表面清理干净，然后涂刷混凝土界面处理剂或水泥基渗透结晶型防水涂料，并应及时浇筑混凝土。

4.1.4 逆筑结构中的施工缝与无法设置止水带的施工缝应设置可全断面出浆的预埋注浆管和双道遇水膨胀止水条（胶）。

Ⅰ 钢板止水带、自粘丁基橡胶钢板止水带

4.1.5 钢板止水带或自粘丁基橡胶钢板止水带应在结构断面中部对称埋设（图4.1.5），并应符合下列规定：

1 钢板止水带宽度不应小于300mm，厚度不宜小于4mm。

2 钢板止水带应有镀锌层或采用不锈钢材质。镀锌层平均厚度不宜小于70μm，最小厚度不应小于55μm。

3 钢板止水带接头应采用对接焊接或搭接焊接，焊缝外观质量标准应达到三级，焊接接头应满足水密性要求。焊接造成的防腐涂层受损处应采用环氧富锌或冷镀锌涂层修复至原防腐涂层厚度。

4 自粘丁基橡胶钢板止水带宽度不应小于250mm，厚度不宜小于5mm，双面应涂覆自粘丁基橡胶，单面自粘丁基橡胶厚度不应小于2mm。

5 自粘丁基橡胶钢板止水带搭接长度不应小于100mm，且应粘接牢固。

6 自粘丁基橡胶钢板止水带表面覆有保护膜，保护膜应分为两部分。在先施工的一侧混凝土浇筑前，仅将该范围内的保护膜撕掉，止水带另一侧的保护膜保留，待后施工的一侧混凝土浇筑前再撕掉。

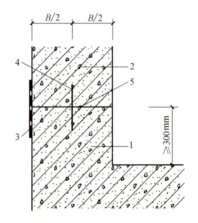

图 4.1.5 钢板止水带或自粘丁基橡胶钢板止水带施工缝防水构造
1—先浇混凝土；2—后浇混凝土；3—防水卷材或防水涂料或防水砂浆加强层；
4—中埋式钢板止水带或自粘丁基橡胶钢板止水带；5—混凝土界面处理
剂或水泥基渗透结晶型防水涂料

Ⅱ 遇水膨胀止水条（胶）

4.1.6 遇水膨胀止水条（胶）宜设置在结构断面中部（图4.1.6），并应符合下列规定：

1 制品型遇水膨胀止水条的物理性能应符合现行国家标准《高分子防水材料 第3部分 遇水膨胀橡胶》GB/T 18173.3 的规

定,腻子型遇水膨胀止水条的物理性能应符合表 4.1.6 的规定。

表 4.1.6 腻子型遇水膨胀止水条主要性能指标

项 目	技术指标	试验方法
硬度(C 型微孔材料硬度计,度)	≤40	现行国家标准《硫化橡胶或热塑性橡胶 压入硬度试验方法 第 1 部分:邵氏硬度计法(邵尔硬度)》GB/T 531.1
7d 膨胀率/最终膨胀率(%)	≤60%	现行行业标准《膨润土橡胶遇水膨胀止水条》JG/T 141
最终膨胀率(21d,%)	≥220	
耐热性(80℃×2h)	无流淌	
低温柔性(-20℃×2h,绕 φ20mm 圆棒)	无裂纹	
耐水性(浸水 240h)	整体膨胀无碎块	

2 遇水膨胀止水胶性能指标应符合现行行业标准《遇水膨胀止水胶》JG/T 312 的规定。

3 粘贴遇水膨胀止水条(胶)的施工缝表面应坚实、平整、干燥、无污物,止水条(胶)安装部位基面无须进行凿毛处理。

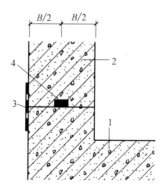

图 4.1.6 遇水膨胀止水条(胶)施工缝防水构造
1—先浇混凝土;2—后浇混凝土;3—防水卷材或防水涂料加强层;
4—遇水膨胀止水条(胶)

4 遇水膨胀止水胶固化后的宽度不宜小于20mm，厚度不宜小于10mm。

5 止水条（胶）搭接长度不应小于20mm。

6 止水条（胶）粘贴完成后，应采取临时性防水措施。

7 如止水条（胶）破损，应将破损的止水条（胶）除去，重新施作。

Ⅲ 预埋注浆管

4.1.7 预埋注浆管宜设置在结构断面中部（图4.1.7），并应符合下列规定：

1 预埋注浆管性能指标应符合现行国家标准《混凝土接缝防水用预埋注浆管》GB/T 31538的规定。

2 预埋注浆管外径不宜小于14mm。

3 安装注浆管的接缝表面应坚实、平整，不得有浮浆、油污、疏松、孔洞等，必要时可用防水砂浆修补，注浆管安装部位基面无须进行凿毛处理。

4 预埋注浆管应与先浇混凝土基层密贴，采用专用固定件固定于接缝表面，固定应牢固、可靠，固定间距宜为200mm～300mm，每隔5m～6m两端各引出一根注浆导管。注浆导管末端应临时封堵严密。注浆管采用搭接法连接，出浆段搭接宽度宜为20mm～30mm；注浆管转弯半径不小于150mm，转弯应平缓，不得出现折角。

5 注浆管破损部位应割除，并在割除部位重新设置已安装注浆导管的注浆管，并与两端原有注浆管进行过渡搭接。

6 注浆作业应符合下列规定：

1）注浆应从最低的注浆端开始，将注浆液向上挤压，为保证注浆效果，宜使注浆液低压缓进。注浆液不再流入且压力损失小于10%，维持该压力至少2min可终止注浆。

2）注浆时间应在土建施工结束前。如果存在流动的渗漏水，宜采用疏水性聚氨酯灌浆材料；如果仅为湿渍，宜采用亲水性环氧灌浆材料或水泥基灌浆材料。

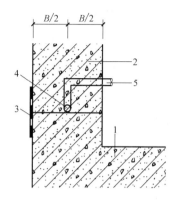

图 4.1.7 预埋注浆管施工缝防水构造
1—先浇混凝土；2—后浇混凝土；3—防水卷材或防水涂料加强层；
4—预埋注浆管；5—注浆导管

Ⅳ 中埋式止水带

4.1.8 中埋式止水带材质为钢边橡胶止水带或橡胶止水带。

4.1.9 中埋式钢边橡胶止水带宜设置在结构断面中部，并应符合下列规定：

1 中埋式钢边橡胶止水带性能指标应符合现行国家标准《高分子防水材料 第2部分：止水带》GB/T 18173.2 的规定。

2 钢边橡胶止水带宽度不宜小于300mm。

3 中埋式钢边橡胶止水带沿施工缝闭合成环，应减少现场接头，橡胶接头采用现场热硫化对接，钢边接头采用搭接加铆钉固定的方式相连，并在搭接面设置1.5mm厚的腻子型遇水膨胀橡胶薄片。

4 水平设置的中埋式止水带应采用盆式安装，盆式开口向上（图4.1.9-1）。

5 止水带转角半径不应小于200mm。

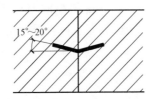

图 4.1.9-1 水平设置的中埋式止水带盆式安装构造

6 十字形交叉和 T 形交叉部位的止水带应采用预制接头。

7 楼板设置中埋式钢边橡胶止水带时，止水带至楼板与侧墙连接处沿内衬上翻，高度不宜小于 400mm（图 4.1.9-2）。

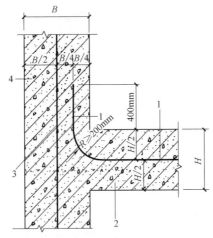

图 4.1.9-2 中楼板止水带上翻构造
1—中楼板止水带；2—中楼板；3—侧墙止水带；4—侧墙

8 垂直施工缝中埋式钢边橡胶止水带与水平施工缝钢板止水带相交处，钢板止水带与中埋式钢边橡胶止水带的钢边通过铆钉连接，钢板之间夹 1.5mm 厚丁基橡胶腻子薄片（图 4.1.9-3）。

9 当中埋式止水带无法成环时，止水带端部应采用遇水膨胀橡胶腻子块包裹封闭，在一侧混凝土浇筑前，宜采用 10mm 厚遇水膨胀橡胶腻子块包裹止水带端部的一半截面，腻子块宜超出止水带端部 5mm，然后浇筑混凝土；在另一侧混凝土浇筑前，以

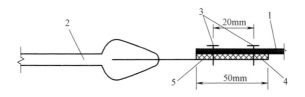

(a) 钢边与钢板连接构造

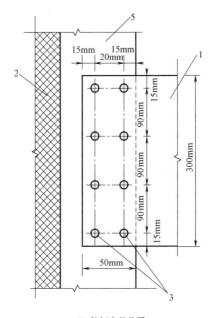

(b) 铆钉安装位置

图 4.1.9-3 中埋式钢边橡胶止水带与钢板止水带连接细部构造
1—钢板止水带；2—中埋式钢边橡胶止水带；3—连接铆钉；
4—丁基橡胶腻子薄片；5—中埋式钢边橡胶止水带钢边

同样的遇水膨胀橡胶腻子块包裹余下的止水带端头截面，然后浇筑混凝土（图 4.1.9-4）。

10 中埋式止水带宜采用铅丝等材料将其与钢筋骨架绑牢，固定间距应不大于 400mm。止水带与接缝表面应垂直，误差不应

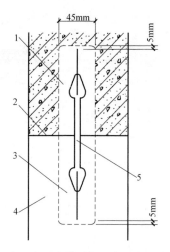

图 4.1.9-4 中埋式止水带端部包裹遇水膨胀腻子块示意
1—首次设置的腻子块；2—施工缝；3—二次设置的腻子块；
4—后浇混凝土；5—中埋式止水带

大于15°。止水带部位的模板应定位准确、安装牢固。止水带部位的混凝土必须振捣充分，振捣时严禁振捣棒触及止水带。

4.2 变形缝和诱导缝

4.2.1 变形缝由中埋式止水带、外贴式止水带、内装可卸式止水带、接水盒、嵌缝密封胶组合形成防水措施。

4.2.2 诱导缝由中埋式止水带、外贴式止水带、排水槽、嵌缝密封胶组合形成防水措施。

4.2.3 变形缝和诱导缝构造要求应符合下列规定：

1 变形缝处混凝土厚度不应小于300mm，当遇有变截面时，接缝两侧500mm范围内的结构应按等厚等强处理。

2 变形缝处采取的防水措施应满足接缝两侧结构产生的差异沉降及水平伸缩时的密封防水要求。

4.2.4 变形缝和诱导缝防水构造宜采用如下形式（图4.2.4-1~图4.2.4-3）。

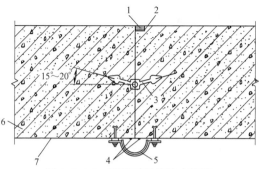

图 4.2.4-1 顶板诱导缝防水构造
1—低模量密封胶;2—聚乙烯膜片;3—中埋式止水带;4—滴水线;
5—排水槽;6—顶板;7—顶板背水面

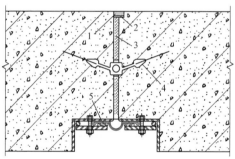

图 4.2.4-2 顶板变形缝防水构造(一)
1—低模量密封胶;2—聚乙烯膜片;3—衬垫板;4—中埋式止水带;5—内装可卸式止水带

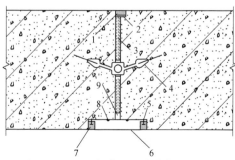

图 4.2.4-3 顶板变形缝防水构造(二)
1—低模量密封胶;2—聚乙烯膜片;3—衬垫板;4—中埋式止水带;5—膨胀螺栓;
6—不锈钢接水盒;7—高模量聚氨酯密封胶;8—滴水线;9—高模量密封胶

13

Ⅰ 中埋式止水带

4.2.5 变形缝和诱导缝设置的中埋式止水带应符合下列规定：

1 中埋式止水带宽度应不小于350mm，断面构造宜采用如下形式（图4.2.5）。

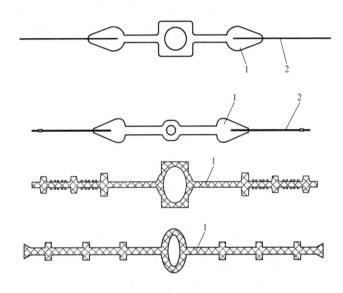

图4.2.5 变形缝和诱导缝中埋式止水带断面构造
1—橡胶；2—钢片

2 其他设置要求应符合本规程第4.1.9条第3、4、5、7、8、9款的规定。

Ⅱ 外贴式止水带

4.2.6 变形缝和诱导缝处设置的外贴式止水带应符合下列规定：

1 外贴式止水带性能指标应符合现行国家标准《高分子防水材料 第2部分：止水带》GB/T 18173.2 的规定。

2 外贴式止水带宽度不小于350mm，断面构造宜采用如下形式（图4.2.6）。

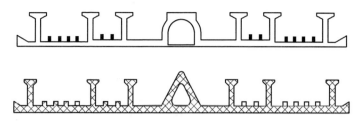

图 4.2.6 变形缝和诱导缝外贴式止水带断面构造

3 外贴式止水带应设置在侧墙、底板迎水面。

4 复合式结构的围护结构基面宜采用聚合物水泥防水砂浆进行找平处理。外贴式止水带采用胶粘剂固定于防水层表面。叠合式结构在设置外贴式止水带处 500mm 范围内宜采用聚合物水泥防水砂浆找平围护结构的基面，外贴式止水带宜采用胶粘剂或水泥钉固定于找平基面上。

5 底板与内衬转角处宜采用外贴式止水带直角连接件，或采用水泥砂浆做成倒角或圆角。

6 外贴式止水带宜整条设置，并在顶板迎水面与低模量密封胶形成搭接。

7 敞开段侧墙所设外贴式止水带的端部应采用低模量密封胶进行封边处理。

Ⅲ 内装可卸式止水带

4.2.7 变形缝设置的内装可卸式止水带应符合下列规定：

1 内装可卸式止水带性能指标应符合现行国家标准《高分子防水材料 第 2 部分：止水带》GB/T 18173.2 的规定。

2 仅设置在变形缝的内表面（图 4.2.7-1）。

3 变形缝两侧应设置凹槽，止水带宽度不宜小于 150mm。

4 凹槽内需预埋角钢，角钢与混凝土接缝处应设置止水钢片或遇水膨胀止水胶形成防水措施。

5 顶、底板与侧墙间的结构转角处宜呈 45°倒角，倒角的尺

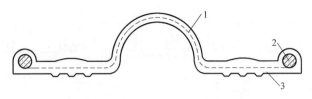

图 4.2.7-1 内装可卸式止水带断面构造
1—纤维；2—橡胶芯；3—橡胶

寸宜为 110mm×110mm。

6 止水带宜采用杠杆式压件系统达到水密效果，压件系统由预埋螺栓、垫圈、螺母、压板及压条组成（图 4.2.7-2），所有金属构件均宜热浸锌处理，涂层厚度为 $50\mu m \sim 50\mu m$。

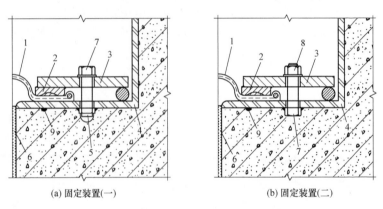

(a) 固定装置(一)　　　　(b) 固定装置(二)

图 4.2.7-2 内装可卸式止水带固定装置
1—内装可卸式止水带；2—压条；3—压板；4—预埋角钢；5—盖形螺母；
6—丁腈软木橡胶板；7—螺栓；8—螺母；9—遇水膨胀止水胶

7 根据变形缝不同的内净尺寸，压件可设置不同的螺孔间距，螺孔间距不宜大于 250mm，转角压件螺孔间距宜为 60mm，压件间距宜为 4mm。

Ⅳ 嵌缝密封胶

4.2.8 变形缝和诱导缝设置的嵌缝密封胶应符合下列规定：

1 嵌缝密封胶性能指标应符合现行行业标准《聚氨酯建筑密封胶》JC/T 482、《聚硫建筑密封胶》JC/T 483 的规定。

2 嵌缝槽基面应坚实、干燥、平整、无污物。

3 迎水面应采用低模量密封胶嵌缝，嵌缝槽宽度和深度之比宜为 2∶1。

4 背水面应采用高模量密封胶嵌缝，嵌缝槽宽度和深度之比宜为 1∶2。

5 嵌缝槽底部应设置聚乙烯隔离膜。

Ⅴ 接水盒和排水槽

4.2.9 变形缝和诱导缝设置接水盒或排水槽应符合下列规定：

1 接水盒和排水槽宜采用 00Cr17Ni14Mo2 不锈钢材质，性能指标应符合现行国家标准《结构用不锈钢无缝钢管》GB/T 14975 的规定。

2 接水盒断面宜为矩形，设置于变形缝顶板及侧墙背水面（图 4.2.9-1）。

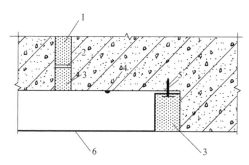

图 4.2.9-1 变形缝背水面接水盒构造
1—衬垫板；2—聚乙烯隔离膜；3—高模量密封胶；4—滴水线；
5—膨胀螺栓；6—不锈钢接水盒

3 排水槽断面形状宜为半圆形，设置于诱导缝顶板背水面，与侧墙落水管相连（图 4.2.9-2）。

4 接水盒宜采用膨胀螺栓固定，并以密封胶嵌填封边，排

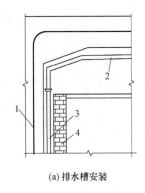
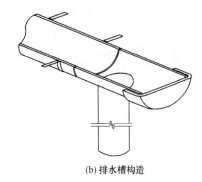

(a) 排水槽安装　　　　　　(b) 排水槽构造

图 4.2.9-2　诱导缝背水面排水槽构造
1—中埋式钢边橡胶止水带；2—排水槽；3—水落管；4—防潮墙

水槽宜采用固定箍与膨胀螺栓固定。

5　顶板背水面应配套设置滴水线，滴水线材料宜为低模量密封胶，其半径为5mm。

6　纵梁施工时，应预留与排水槽形状相同的孔洞。

7　排水槽的设置应满足限界要求。

8　区间诱导缝侧墙落水管宜采用内置式落水管。

4.3　其他细部构造

4.3.1　穿墙管防水构造应符合下列规定：

1　穿墙管应采用预埋式套管构造形式，预埋式套管与混凝土接缝处应采用设置止水钢片或遇水膨胀止水胶的方式防水，穿墙管与套管间隙宜采用密封胶或聚合物水泥防水砂浆封闭。

2　预埋式套管防水也可采用柔性防水套管构造形式（图4.3.1-1）。

3　后开洞穿墙管与洞圈表面设置高模量密封胶，并用聚合物水泥防水砂浆填充空隙（图4.3.1-2），水泥基渗透结晶型防水涂料的用量不小于 $1.5kg/m^2$。

4.3.2　桩头防水构造（图4.3.2）应符合下列规定：

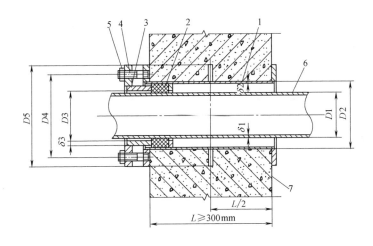

图 4.3.1-1 预埋式套管防水构造
1—法兰套管；2—密封圈；3—法兰压盖；4—螺柱；5—螺母；6—钢管；7—迎水面

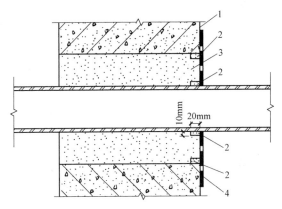

图 4.3.1-2 后开洞穿墙管防水构造
1—背水面；2—高模量密封胶；3—聚合物水泥防水砂浆；
4—水泥基渗透结晶型防水涂料

1 桩头涂刷水泥基渗透结晶型防水涂料，水泥基渗透结晶型防水涂料的用量不小于 $1.5kg/m^2$。

2 防水卷材与桩头交接处采用遇水膨胀止水胶封边。

19

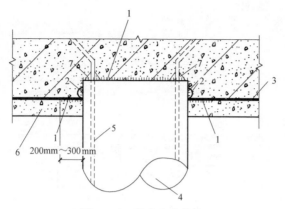

图 4.3.2 桩头防水构造
1—水泥基渗透结晶型防水涂料；2—遇水膨胀止水胶；3—防水层；4—桩基；
5—钢筋；6—垫层；7—遇水膨胀止水条（胶）

4.3.3 降水井防水构造（图 4.3.3）应符合下列规定：
1 降水井与混凝土接缝处设置止水钢片与遇水膨胀止水胶。
2 封口钢板与井壁应水密焊接。

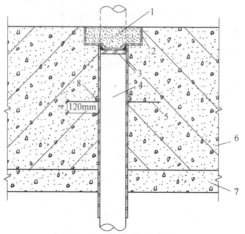

图 4.3.3 降水井防水构造
1—聚合物水泥防水砂浆或微膨胀混凝土（与底板同强度等级）；2—水泥
基渗透结晶型防水涂料；3—封口钢板；4—降水井（内填混凝土）；
5—钢片止水环；6—底板；7—混凝土垫层；8—遇水膨胀止水胶

3 封口钢板处的凹槽采用聚合物水泥防水砂浆或微膨胀混凝土（与底板同强度等级）填充封闭。
4 水泥基渗透结晶型防水涂料的用量不小于 1.5kg/m²。

4.3.4 格构柱防水构造（图 4.3.4）应符合下列规定：

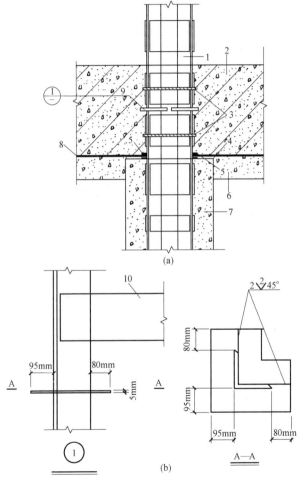

图 4.3.4 格构柱防水构造
1—格构柱；2—结构底板；3—遇水膨胀止水胶；4—水泥基渗透结晶型防水涂料；
5—遇水膨胀止水胶；6—混凝土垫层；7—钻孔桩基础；8—卷材防水层；
9—止水钢板；10—缀板

  1 格构柱角钢周边应设置止水钢片及遇水膨胀止水胶，止水钢片应与角钢水密焊接。
  2 防水卷材与格构柱交接处采用遇水膨胀止水胶封边。
  3 水泥基渗透结晶型防水涂料的用量不小于 $1.5kg/m^2$。

4.3.5 楼板离壁沟防水构造（图4.3.5）应符合下列规定：
  1 离壁墙墩台应与楼板一次浇筑。
  2 离壁沟内表面施作聚合物水泥砂浆防水层或防水涂层。
  3 诱导缝处砂浆防水层应预留嵌缝槽，并采用低模量密封胶嵌填。

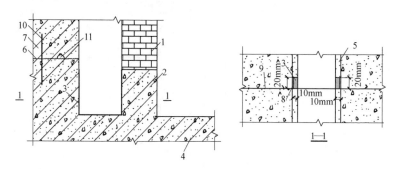

图4.3.5 楼板离壁沟防水构造
1—防潮墙；2—防潮墙基础（现浇混凝土）；3—低模量密封胶；4—中楼板；
5—10mm厚聚合物水泥防水砂浆；6—纵向水平施工缝；7—内衬；
8—聚乙烯膜片；9—诱导缝；10—钢板止水带；11—遇水膨胀止水条（胶）

4.3.6 接地电极防水构造（图4.3.6）应符合下列规定：
  1 动法兰与紫铜接地板间采用高模量聚氨酯密封胶填充。
  2 螺栓与螺孔间采用遇水膨胀止水胶填充。
  3 定法兰与紫铜接地板间采用满焊相接。

4.3.7 零覆土结构防水细部构造应符合下列规定：
  1 零覆土结构伸缩缝节点设计应包括下列内容：
    1） 防冲击构造设计；
    2） 柔性外防水层构造设计；
    3） 伸缩缝防水设计；

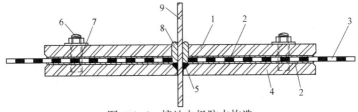

图 4.3.6 接地电极防水构造
1—动法兰；2—双面丁基橡胶胶粘带；3—卷材防水层；4—定法兰；5—焊缝；
6—双头螺柱；7—遇水膨胀止水胶；8—高模量聚氨酯密封胶；9—紫铜接地板

  4）集水排水设计。

 2 零覆土结构伸缩缝防水构造可根据缝宽设计要求、防水等级、铺装层类型按图4.3.7选用，满足防水要求的其他构造形式经验证也可使用。

 3 零覆土结构伸缩缝防水构造中各组件应符合下列规定：

  1）W形氯丁橡胶防水密封带尺寸规格应满足设计缝宽要求，并能适应所在结构伸缩缝的变形伸缩。

  2）不锈钢垫板、垫片、盖板厚度应满足承载要求，材料防腐性能应符合现行国家标准《不锈钢热轧钢板和钢带》GB/T 4237的规定。

  3）弹性混凝土应具有足够的冲击韧性，能有效缓冲上部冲击荷载，且能延长伸缩缝构造措施的使用寿命，性能指标检测方法应符合现行行业标准《环氧树脂砂浆技术规程》DL/T 5193的规定。

  4）道桥用改性沥青防水卷材宜采用4.5mm厚的热熔施工防水卷材，其性能指标应符合现行行业标准《道桥用改性沥青防水卷材》JC/T 974的规定。

  5）零覆土结构伸缩缝防水构造中的止水带性能指标应符合现行国家标准《高分子防水材料　第2部分：止水带》GB/T 18173.2的规定。

  6）排水槽可采用PVC或不锈钢材质，并能在垂直缝宽方向适应相应的变形量，其与主体结构的连接可采用抱箍或固位钉的形式。

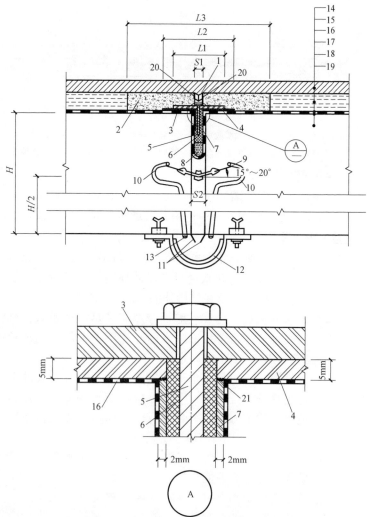

图4.3.7 零覆土结构伸缩缝防水构造

1—W形氯丁橡胶防水密封带；2—弹性混凝土；3—不锈钢盖板；4—不锈钢垫板；5—不锈钢钉；6—橡胶条；7—不锈钢垫片；8—海绵；9—变形缝用中埋式钢边橡胶止水带；10—注浆管；11—引水片；12—排水槽；13—注浆管引出孔；14—铺装层上表层；15—铺装层下表层；16—道桥用防水卷材；17—细砂处理；18—环氧基层处理剂；19—主体结构；20—专用胶粘剂；21—不锈钢垫板、垫片连接处点焊；H—主体结构厚度；$S1$—铺装层缝宽；$S2$—主体结构缝宽；$L1$—不锈钢盖板宽度；$L2$—不锈钢垫板总宽度；$L3$—弹性混凝土总宽度

5 盾构法与 TBM 法防水细部构造

5.1 管片接缝

5.1.1 盾构法和 TBM 法隧道应在管片接缝处设置预制弹性橡胶密封垫或遇水膨胀橡胶密封垫，密封垫应符合下列规定：

1 弹性橡胶密封垫宜为多孔型或梳型构造形式，宜采用三元乙丙橡胶或氯丁橡胶类材料。遇水膨胀橡胶密封垫宜为矩形或梯形构造形式，宜采用具有遇水膨胀功效的橡胶类材料。

2 密封垫应能完全被压入管片密封垫槽内，密封垫沟槽截面面积应为密封垫截面面积的 1~1.15 倍。

3 密封垫应满足计算接缝最大张开量、估算错位量及埋深水头 2~3 倍水压力下不渗漏的技术要求。

4 密封垫性能指标应符合现行国家标准《高分子防水材料 第 4 部分：盾构法隧道管片用橡胶密封垫》GB/T 18173.4 的规定。

5 密封垫断面尺寸公差应符合设计要求，高度和顶面宽度应取正公差。

6 密封垫设计可选用复合型和单一型（图 5.1.1）。

5.1.2 衬砌变形缝，除满足 5.1.1 的相关规定外，并应符合下列规定：

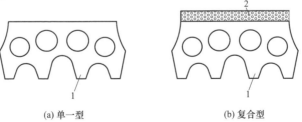

图 5.1.1 弹性密封垫
1—三元乙丙橡胶；2—遇水膨胀橡胶

1 管片密封垫顶部宜加贴遇水膨胀橡胶薄片，挡砂条表面加贴与其同等材质的薄片（图5.1.2-1）。

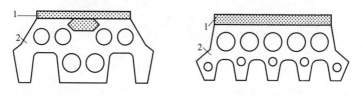

(a) 内嵌式复合型　　　　　　(b) 单一型

图 5.1.2-1　变形缝弹性密封垫断面构造
1—遇水膨胀橡胶片；2—三元乙丙橡胶

2 设置的传力衬垫厚度宜为6mm（图5.1.2-2）。

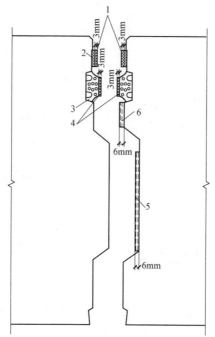

图 5.1.2-2　变形缝防水加厚示意
1—加贴同材质挡砂条；2—挡砂条；3—弹性橡胶密封垫；4—加贴遇水膨胀橡胶薄片；5—变形缝传力衬垫1；6—变形缝传力衬垫2

5.1.3 特殊衬砌钢管片接缝密封垫应符合下列规定：

1 钢管片所有预留凹槽内均必须安装密封垫，安装要求与混凝土管片要求相同。

2 联络通道或泵房洞口部位临时封堵钢管片的接缝应设置遇水膨胀橡胶密封垫，遇水膨胀橡胶密封垫厚度宜为2mm～3mm，性能指标应符合现行国家标准《高分子防水材料 第4部分：盾构法隧道管片用橡胶密封垫》GB/T 18173.4的规定。

5.1.4 在地下水丰富的地层中，密封垫外侧宜设置挡砂条（图5.1.4），挡砂条应符合下列规定：

1 当挡砂条为矩形构造形式时，材质宜为遇水膨胀类、闭孔型海绵类材料，且管片设计时应预留定位槽。

2 挡砂条断面尺寸应取正公差。

3 挡砂条沿管片设置安装成框形或L形，L形挡砂条厚度应为框形挡砂条厚度的两倍。搭接部位应避开转角处，搭接头以斜45°对接，并以胶粘剂固定。

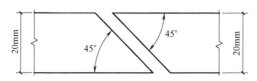

图5.1.4 挡砂条搭接细部构造

4 遇水膨胀橡胶挡砂条性能指标应符合现行国家标准《高分子防水材料 第4部分：盾构法隧道管片用橡胶密封垫》GB/T 18173.4的规定。

5.1.5 管片密封垫应采用胶粘剂粘贴于管片密封垫沟槽内，并应符合下列规定：

1 胶粘剂宜为单组分氯丁胶材质。

2 管片密封垫沟槽表面应保持干净、干燥、光滑、平整。

3 胶粘剂应均匀涂刷，密封垫沟槽内应满涂；胶粘剂涂刷后，凉置一段时间，待手指接触不粘时，再将加工完成的框形橡胶圈套入密封垫沟槽。胶粘剂性能指标应符合表5.1.5的要求。

表 5.1.5 胶粘剂性能指标

项　　目		指标
阻燃性		离开 10s 自熄
粘接面剪切强度(MPa)	橡胶与水泥基材石板	≥0.2

5.1.6 螺栓孔和注浆管部位宜采用遇水膨胀橡胶密封圈密封止水（图 5.1.6-1～图 5.1.6-3），应符合下列规定：

1 管片螺栓孔宜设置锥形倒角沟槽。

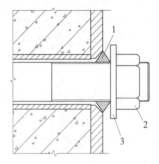

图 5.1.6-1 螺栓孔密封防水构造
1—螺栓孔密封圈；2—螺母；3—铁垫圈

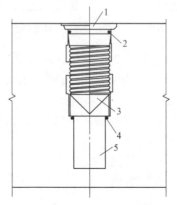

图 5.1.6-2 注浆管密封防水构造
1—注浆管盖；2—注浆管盖密封圈；3—逆止阀；4—注浆管密封圈；5—套管

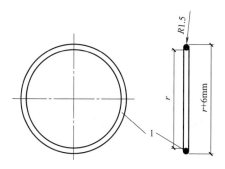

图 5.1.6-3 注浆管（盖）密封圈防水构造
1—遇水膨胀橡胶；R—密封圈截面半径；r—注浆管外径

2 螺栓孔密封圈外形应与沟槽匹配（图 5.1.6-4）。

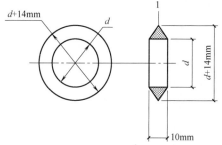

图 5.1.6-4 螺栓孔密封圈防水构造
1—遇水膨胀橡胶；d—螺栓孔内径

5.1.7 管片接缝所设衬垫与楔子片应符合下列规定：

1 丁腈软木传力衬垫性能指标应符合现行国家标准《盾构法隧道管片用软木橡胶衬垫》GB/T 31061 的规定。

2 竖曲线段及纠偏用的楔子片宜采用纤维橡胶板，单次纠偏量宜控制在 3mm 以内，遇水膨胀橡胶材料性能应符合现行国家标准《高分子防水材料 第4部分：盾构法隧道管片用橡胶密封垫》GB/T 18173.4 的规定。

5.2 始发、接收洞口

5.2.1 盾构始发、接收洞口设置的帘布橡胶圈作为临时防水措施，应符合下列规定：

1 洞口防水装置宜设置帘布橡胶圈及其压件系统，压件系统包括圆环板、扇形翻板、紧固件等（图5.2.1-1、图5.2.1-2）。

2 扇形翻板上翻时，其与垂直立面夹角宜控制为45°~60°。

3 帘布橡胶板由模具分块压制，然后连成整框。盾构机头外壳表面不宜有凸出物，且宜涂黄油。

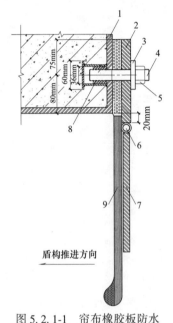

图5.2.1-1 帘布橡胶板防水构造（一）

1—洞口预埋钢环；2—洞口圆环板；
3—垫圈；4—双头螺柱；5—螺母；
6—销套；7—扇形翻板；8—预埋螺母；9—帘布橡胶板

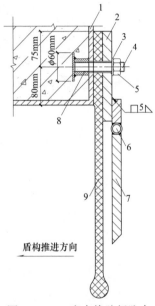

图5.2.1-2 帘布橡胶板防水构造（二）

1—洞口预埋钢环；2—洞口圆环板；
3—垫圈；4—双头螺柱；5—螺母；
6—销套；7—扇形翻板；
8—预埋螺母；9—帘布橡胶板

5.2.2 接收井防水装置的扇形翻板下端设置螺母，通过收紧穿过螺母的钢丝绳限制帘布橡胶板的外翻（图5.2.2）。

5.2.3 洞圈后浇环梁与管片外面、车站内衬接缝处宜设置遇水膨胀止水胶和全断面注浆管，遇水膨胀止水胶性能指标应符合现

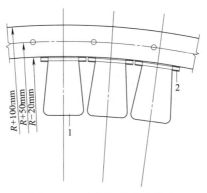

图 5.2.2 翻板固定防水构造
1—翻板；2—销套；R—洞门半径

行行业标准《遇水膨胀止水胶》JG/T 312 的规定（图 5.2.3）。

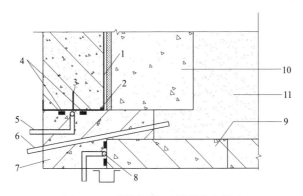

图 5.2.3 洞圈后浇环梁处防水构造
1—柔性防水层；2—止水条；3—预埋钢环；4—双道止水条；
5—注浆导管；6—预埋注浆钢管（直径 30mm~40mm）；
7—洞口后浇环梁；8—预埋注浆管；9—盾构隧道
衬砌；10—围护结构；11—土体

5.3 手孔封堵

5.3.1 手孔宜采用发泡聚氨酯或聚合物水泥防水砂浆作为封堵材料，并应符合下列规定：

1 拱底道床混凝土范围内的手孔可不进行封堵处理。

2 隧道衬砌环拱部180°以下、道床以上范围内的手孔充填细石混凝土或聚合物水泥防水砂浆，拱部180°及以上宜采用塑料保护罩。保护罩内填充双组分发泡聚氨酯或防腐砂浆，固定应牢固，不得脱落（图5.3.1-1、图5.3.1-2）。亦可采用与螺栓配套

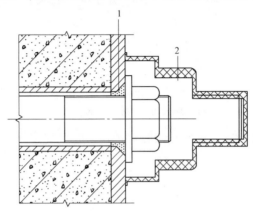

图 5.3.1-1 螺栓保护罩

1—螺栓孔密封圈；2—螺栓保护罩内填充发泡聚氨酯或防腐砂浆

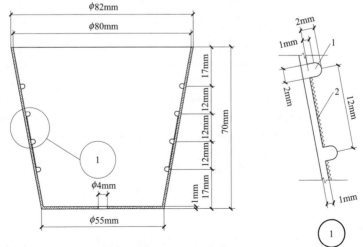

图 5.3.1-2 螺栓保护罩断面示意

1—螺纹线；2—不规则麻点

的端部带螺纹的凸缘塑料保护罩。

3 当上半环采用聚合物水泥防水砂浆作为封堵材料时，可掺入快硬水泥以缩短封堵材料的固结时间。手孔封堵范围见图5.3.1-3。

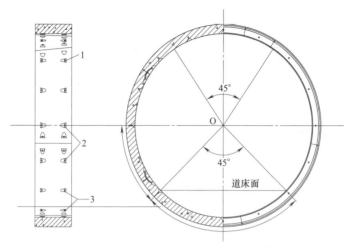

图5.3.1-3 手孔封堵、管片嵌缝横剖面
1—塑料保护罩；2—填充细石混凝土；3—手孔随浇筑道床填充

4 下半环采用细石混凝土或聚合物水泥防水砂浆作为封堵材料时，宜涂刷界面处理剂。

5 塑料保护罩应采用无毒难燃材料，塑料保护罩性能指标应符合表5.3.1的要求。

表5.3.1 塑料保护罩性能指标要求

项　　目		指　　标
密度(g/cm^3)		0.91~1.50
拉伸强度(MPa)		6.8~16.0
相对伸长率(%)		90~650
阻燃性能	氧指数	≥23
	燃烧性能分级	不低于B1级

注：参数来源于北京、上海等地铁实际工程，阻燃性能满足氧指数或燃烧分级要求。

6 塑料保护罩的成品尺寸与安装应满足限界要求。

5.4 管片接缝嵌缝

5.4.1 管片接缝宜采用高模量密封胶、聚合物水泥防水砂浆作为嵌缝材料（图5.4.1），并应符合下列规定：

1 嵌缝槽深度和宽度之比不应小于2.5，深度宜为25mm～30mm。嵌缝槽断面应采用利于密封嵌填且不易垂落的断面构造形式。

2 变形缝处宜采用高模量密封胶嵌填，非变形缝处宜采用聚合物水泥防水砂浆嵌填，嵌填之前宜先涂刷界面处理剂。

3 嵌缝作业前，宜在嵌缝槽底部预先设置背衬材料。

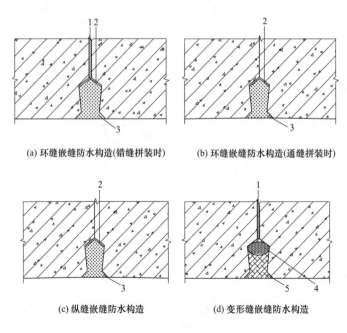

(a) 环缝嵌缝防水构造(错缝拼装时)　(b) 环缝嵌缝防水构造(通缝拼装时)

(c) 纵缝嵌缝防水构造　(d) 变形缝嵌缝防水构造

图 5.4.1 衬砌接缝嵌缝防水构造
1—丁腈软木橡胶板；2—隔离膜；3—聚合物水泥防水砂浆；4—泡沫塑料条；
5—聚氨酯密封胶

5.5 联络通道接缝

5.5.1 联络通道与盾构隧道接缝宜设置遇水膨胀橡胶条和预埋式注浆管（图5.5.1），注浆应符合本规程第4.1.7条第6款的规定。

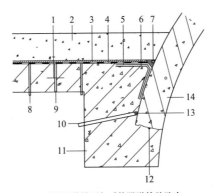

(a) 联络通道拱顶与盾构隧道接缝防水

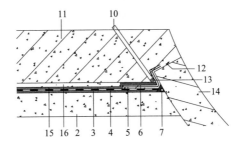

(b) 联络通道底板与盾构隧道接缝防水

图 5.5.1 联络通道与盾构隧道接缝防水
1—中埋式止水带；2—初期支护；3—土工布缓冲层；4—防水层；
5—双面密封胶粘带；6—单面密封胶粘带；7—排水管；8—注浆
系统；9—变形缝；10—注浆导管；11—二次衬砌混凝土；
12—遇水膨胀橡胶条；13—注浆管；14—钢筋混凝土管片；
15—土工布保护层；16—细石混凝土保护层

5.5.2 联络通道变形缝防水应符合下列要求：

1 迎水面应设置背贴式止水带，缝中设置中埋式止水带，缝内侧设置高模量密封胶，应预留接水盒（图5.5.2）。

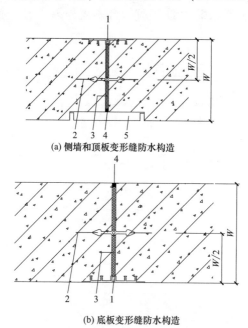

(a) 侧墙和顶板变形缝防水构造

(b) 底板变形缝防水构造

图5.5.2 联络通道变形缝防水构造
1—外贴式止水带；2—钢边橡胶止水带；3—变形缝衬垫板；
4—聚硫建筑密封胶；5—接水盒；W—结构板厚

2 当防水层为塑料防水板时，背贴式止水带材质应与防水板材质相同；背贴式止水带与防水板之间应采用热焊接，并焊接密实。

6 矿山法防水细部构造

6.1 变 形 缝

6.1.1 变形缝防水构造见图 6.1.1-1，并应符合下列要求：

1 变形缝结构迎水面应采用外贴式塑料止水带或外贴式橡胶止水带作为防水措施，当外防水层采用防水卷材时，应设置卷材加强层。外贴式止水带防水构造应符合下列规定：

1) 矿山法结构变形缝外贴式止水带应沿仰拱、边拱、拱顶成环设置，止水带宽度不宜小于 350mm。
2) 当外防水层采用塑料防水板时，外贴式止水带材质应与塑料防水板材质相同。当外防水层采用防水卷材时，宜选用外贴式橡胶止水带。
3) 外贴式塑料止水带应采用专用焊接机将止水带两端热熔焊接在防水板表面，并采用塑料焊条对焊缝进行补强焊接（图 6.1.1-2）。
4) 现场焊接止水带前，应取 0.5m~1.0m 长止水带进行试焊。试焊完成后将两端热熔密封，然后进行充气检测，充气压力宜为 0.15MPa，并维持该压力不少于 15min，达到要求后才能进入现场焊接。
5) 外贴式橡胶止水带应采用胶粘剂固定于防水层表面的方法设置，严禁采用水泥钉穿过防水层进行固定。

2 变形缝结构断面内应采用中孔型中埋式橡胶止水带或中孔型中埋式钢边橡胶止水带作为防水措施，止水带宽度不宜小于 350mm。

3 变形缝结构背水面宜设置密封胶嵌缝，宜在拱顶和边拱设置接水盒。

6.1.2 矿山法结构变形缝中埋式橡胶止水带、中埋式钢边橡胶止水带、嵌缝密封胶、接水盒的构造措施同明挖法结构变形缝。

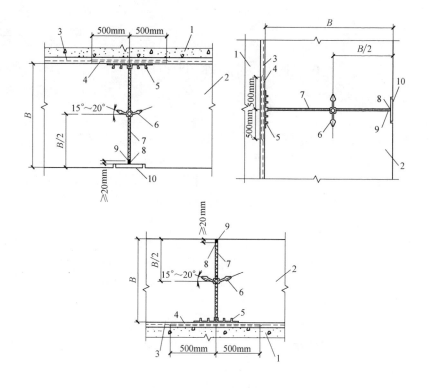

图 6.1.1-1 变形缝防水构造
1—初衬；2—二衬；3—防水层；4—防水加强层；5—外贴式止水带；6—中埋式止水带；7—衬垫板；8—背水面嵌缝；9—隔离膜；10—接水盒

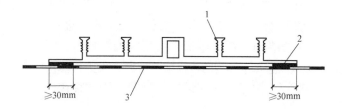

图 6.1.1-2 外贴式塑料止水带与防水板的焊接
1—外贴式塑料止水带；2—不透水焊接点；3—塑料防水板

6.2 施 工 缝

6.2.1 矿山法结构施工缝防水构造应符合下列规定：

1 施工缝应设置一道止水带与一道遇水膨胀止水条（胶）或预埋注浆管作为防水措施。

2 环向施工缝止水带应选用中埋式橡胶止水带或中埋式钢边橡胶止水带，止水带宽度不宜小于350mm；止水带在结构水平部位宜采用盆式安装，盆式开口向上。

3 纵向施工缝止水带应选用钢板止水带或自粘丁基橡胶钢板止水带；钢板止水带宽度不应小于300mm，自粘丁基橡胶钢板止水带宽度不应小于250mm。

4 特殊施工缝应采用双道遇水膨胀止水条（胶）结合预埋式注浆管作为防水措施（图6.2.1）。

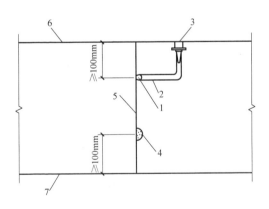

图6.2.1 特殊施工缝防水构造
1—遇水膨胀止水条（胶）；2—预埋式注浆管；3—注浆导管；4—封口盒；
5—水泥基渗透结晶型防水涂料；6—结构背水面；7—结构迎水面

6.2.2 矿山法结构施工缝中埋式橡胶止水带、中埋式钢边橡胶止水带、钢板止水带、自粘丁基橡胶钢板止水带、遇水膨胀止水条（胶）、预埋注浆管的构造措施同明挖法结构施工缝。

39

6.3 排水系统

6.3.1 矿山法结构在初衬施工完成后，环向设置软式透水管，其性能指标应符合现行行业标准《软式透水管》JC 937 的规定；纵向设置软式透水管或单壁双波纹管，单壁双波纹管材质宜为高密度聚乙烯（HDPE）。

6.3.2 软式透水管宜采用圆形断面，环向软式透水管外径不宜小于 $\phi50mm$，纵向软式透水管外径不宜小于 $\phi80mm$。单壁双波纹管宜采用圆形断面，外径不宜小于 $\phi80mm$。

6.3.3 环向软式透水管设置间距宜为 5m～10m。当初衬出现流动的渗漏水时，宜首先进行堵漏处理，在无明水渗漏的情况下设置环向软式透水管，且设置密度宜增至 3m～4m。

6.3.4 初衬内宜采用开槽的方式设置软式透水管。

6.3.5 矿山法区间每隔 5m～10m 设置一根横向导水管，其材质宜为硬质聚氯乙烯（UPVC），公称外径宜为 110mm。

6.3.6 横向导水管宜采用硬质聚氯乙烯（UPVC）三通构件与纵向软式透水管或单壁双波纹管连为一体（图 6.3.6-1a），也可采用硬质聚氯乙烯（UPVC）四通构件与环向软式透水管、纵向软式透水管或单壁双波纹管连为一体（图 6.3.6-1b），并应符合下列规定：

1 横向导水管应设置于环向软式透水管的相邻部位，或与环向软式透水管对齐。

2 连通构件与软式透水管的间隙采用高模量密封胶封填。

3 横向导水管穿过防水层时，宜采用丁基橡胶防水密封胶粘带进行密封处理，或采用自粘丁基橡胶薄片结合两道钢箍进行密封处理（图 6.3.6-2、图 6.3.6-3），首道钢箍与二道钢箍的螺栓紧固装置设置部位应相互错开。当防水层采用塑料防水板时，也可采用热熔焊接处理。

4 横向导水管引出二次衬砌混凝土的标高和距离应符合设计要求。

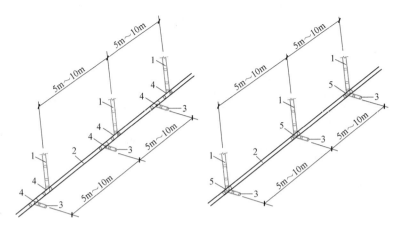

(a) 导水管与环向软式透水管不对齐　　(b) 导水管与环向软式透水管对齐

图 6.3.6-1　矿山法区间横向导水管及软式透水管构造

1—环向软式透水管；2—纵向软式透水管或纵向单壁双波纹管；3—横向导水管；
4—连接三通构件；5—连接四通构件

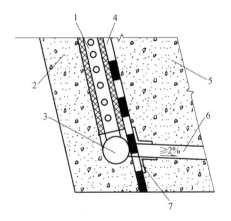

图 6.3.6-2　横向导水管与软式透水管连接方式（一）

1—环向软式透水管；2—初衬喷射混凝土；3—纵向软式透水管或
单壁双波纹管；4—防水层；5—二次衬砌模筑混凝土；
6—横向导水管；7—丁基橡胶防水密封胶粘带

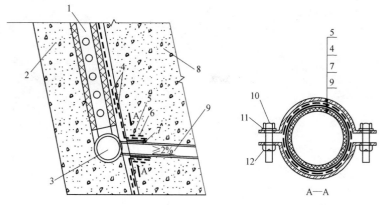

图 6.3.6-3 横向导水管与软式透水管连接方式（二）
1—环向软式透水管；2—初衬喷射混凝土；3—纵向软式透水管或单壁双波纹管；
4—防水层；5—首道钢箍；6—二道钢箍；7—自粘丁基橡胶薄片；8—二次衬砌
模筑混凝土；9—横向导水管；10—六角头螺栓；11—垫圈；12—螺母

6.3.7 矿山法车站与矿山法区间相接的工况下，矿山法车站不应设横向导水管。车站与区间的纵向软式透水管或单壁双波纹管应连通。在矿山法区间与车站相接的30m范围内，横向导水管间距宜为4m~5m。

6.3.8 矿山法车站与盾构法区间相接的工况下，在车站最低点设置多根横向导水管，将水排至泵房内。

6.3.9 矿山法车站风道宜与车站主体环、纵向软式透水管或单壁双波纹管的设置方式相同。风井与出入口通道宜沿仰拱四周设置纵向软式透水管或单壁双波纹管。

7 顶管法防水细部构造

7.1.1 顶管管节按材质分为钢筋混凝土管节和钢管节。钢筋混凝土管节按接口形式设置密封止水材料，钢管节接口采用焊接。

7.1.2 钢套环与本体混凝土管节接缝防水应符合下列规定：

1 在与混凝土接触的钢套环环面上设置遇水膨胀止水条（胶），材质为遇水膨胀橡胶的止水条采用胶粘剂固定。

2 钢套环管节端部宜预留沟槽，灌注低模量聚氨酯密封胶。

7.1.3 钢套环与相邻混凝土管节接缝防水应符合下列规定：

1 承口管接口防水以单道或双道楔形橡胶止水圈为主要防水线。

2 楔形橡胶止水圈材质宜为氯丁橡胶。

3 楔形橡胶止水圈的实际长度宜在现场试套后确定。

7.1.4 相邻混凝土管节接缝防水构造（图7.1.4）应符合下列规定：

1 当相邻混凝土管节接缝为柔性接缝时，管节间应设置衬垫板。衬垫板的材质宜为丁腈软木橡胶板。顶管管节拼装完成后，在管节接缝内侧的嵌缝槽内嵌填高模量聚氨酯密封胶。

2 当相邻混凝土管节接缝为刚性接缝时，管节接缝内侧烧焊封口钢板，预埋钢环与混凝土管节之间宜设置遇水膨胀材料作为防水措施，嵌缝材料可采用聚合物水泥防水砂浆。

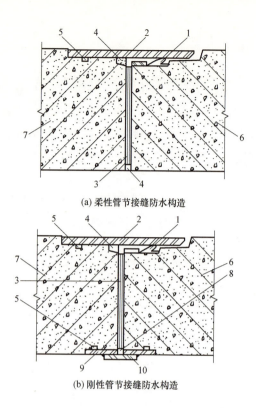

(a) 柔性管节接缝防水构造

(b) 刚性管节接缝防水构造

图 7.1.4 管节接缝防水构造
1—密封圈；2—钢套环；3—衬垫板；4—弹性密封胶；5—遇水膨胀止水条（胶）；
6—插口端管壁；7—承口端管壁；8—聚合物水泥防水砂浆；
9—预埋钢环；10—接口钢板

本规程用词说明

1 为便于在执行本规程条文时区别对待,对于要求严格程度不同的用词说明如下:
 1)表示很严格,非这样做不可的:
  正面词采用"必须",反面词采用"严禁";
 2)表示严格,在正常情况下均应这样做的:
  正面词采用"应",反面词采用"不应"或"不得";
 3)表示允许稍有选择,在条件许可时首先应这样做的:
  正面词采用"宜",反面词采用"不宜";
 4)表示有选择,在一定条件下可以这样做的,采用"可"。

2 条文中指明应按其他标准执行的写法为"应符合……的规定"或"应按……执行"。

引用标准名录

1 《不锈钢热轧钢板和钢带》GB/T 4237
2 《金属覆盖层　钢铁制件热浸镀锌层　技术要求及试验方法》GB/T 13912
3 《结构用不锈钢无缝钢管》GB/T 14975
4 《高分子防水材料　第2部分：止水带》GB/T 18173.2
5 《高分子防水材料　第3部分：遇水膨胀橡胶》GB/T 18173.3
6 《高分子防水材料　第4部分：盾构法隧道管片用橡胶密封垫》GB/T 18173.4
7 《盾构法隧道管片用软木橡胶衬垫》GB/T 31061
8 《混凝土接缝防水用预埋注浆管》GB/T 31538
9 《硫化橡胶或热塑性橡胶　压入硬度试验方法　第一部分：邵氏硬度计法（邵尔硬度）》GB/T 531.1
10 《遇水膨胀止水胶》JG/T 312
11 《聚氨酯建筑密封胶》JC/T 482
12 《聚硫建筑密封胶》JC/T 483
13 《软式透水管》JC 937
14 《道桥用改性沥青防水卷材》JC/T 974
15 《环氧树脂砂浆技术规程》DL/T 5193
16 《膨润土橡胶遇水膨胀止水条》JG/T 141

中国建筑业协会团体标准

轨道交通地下防水工程细部构造技术规程

T/CCIAT 0027—2020

条文说明

制 订 说 明

为保障地下轨道交通工程的正常使用，控制结构接缝渗漏水的产生，减少渗漏水对结构的破坏，编制了《轨道交通地下防水工程细部构造技术规程》。

本规程编制过程中，编制组进行了广泛的调查研究，总结了近年来我国在轨道交通地下防水细部构造方面的科研成果与工程经验，对关键技术进行了深入研究和探讨，这些工作为本规程编制积累了宝贵资料。同时，编制过程中广泛征求的意见也提供了很大帮助。

为方便广大设计、施工、科研等单位有关人员在使用本规程过程中能正确理解和执行条文规定，编制组按章、节、条的顺序编制了本规程条文说明，对条文规定的目的、依据及执行中需注意的有关事项进行了说明。但条文说明不具备与标准正文相同的效力，仅作为使用者理解和把握本规程规定的参考。

目　次

2 术语 ·· 50
4 明挖法防水细部构造 ··· 51
　4.1 施工缝 ··· 51
　4.2 变形缝和诱导缝 ··· 52
　4.3 其他细部构造 ··· 53
5 盾构法与TBM法防水细部构造 ····································· 55
　5.1 管片接缝 ··· 55
　5.2 始发、接收洞口 ··· 55
　5.3 手孔封堵 ··· 56
　5.4 管片接缝嵌缝 ··· 56
　5.5 联络通道接缝 ··· 56
6 矿山法防水细部构造 ··· 57
　6.1 变形缝 ··· 57
　6.2 施工缝 ··· 57
　6.3 排水系统 ··· 57
7 顶管法防水细部构造 ··· 59

2 术　　语

2.0.4 在受损丧失防水功效的情况下可拆卸予以更换，通常作为变形缝防水的第二道防线。

2.0.6 可阻挡细小砂石和油脂渗入至密封垫之间，确保密封垫处于安全的压缩状态。

2.0.8 管节顶进过程中，通过对橡胶材料的压密产生反弹力，达到管节接缝水密的效果。

4 明挖法防水细部构造

4.1 施 工 缝

4.1.3 界面处理剂或水泥基渗透结晶型防水涂料施工时,应保证基面湿润,确保材料水化反应充分,有足够的粘接度,避免粉化现象。

4.1.4 无法设置止水带的施工缝指如车站出入口通道与车站主体的接缝,以及逆筑法顶板与侧墙接缝等部位。

4.1.5 根据现行国家标准《金属覆盖层 钢铁制件热浸镀锌层 技术要求及试验方法》GB/T 13912,提出了钢板止水带镀锌层厚度要求。

4.1.6 设置遇水膨胀止水条(胶)的施工缝表面需将疏松混凝土块、起皮、浮灰等凿除并清理干净。

遇水膨胀止水条(胶)不能居中敷设时,距混凝土表面距离不应小于70mm,避免止水条(胶)产生的体积膨胀造成后浇混凝土开裂或局部破损。

当采用遇水膨胀止水条时,宜在先浇混凝土表面初凝前用木楔预留沟槽,拆模养护至龄期后,将遇水膨胀止水条固定在槽内。

遇水膨胀止水条(胶)粘贴后,应避免雨天和施工过程中遇水,否则其在二次混凝土浇筑前预先膨胀,失去防水功效,所以必须采取临时性防水措施。

4.1.7 需重复注浆时,应确保使用经核准的注浆材料;任何留在注浆通道内的注浆材料必须清除干净。

注浆方案、注浆材料、注浆压力等应由施工、设计、监理单位根据现场具体情况共同指定,并对整个注浆过程进行检查分析,确保注浆效果满足防水要求。

4.2 变形缝和诱导缝

4.2.1 变形缝一般分别设置在主体结构外 500mm 左右和 3m（设有两条变形缝时）处。采用内装可卸式止水带时应注意在结构内表面预留凹槽。

4.2.2 诱导缝在保证结构强度的前提下，使接缝处形成相对薄弱的断面缝，通过有效的结构与防水设计确保诱导缝既不渗水又能诱导混凝土的收缩变形产生在设缝位置，保证其他部位混凝土不开裂、少开裂。诱导缝设置间距宜不小于 24m。

4.2.3 除条文所述方法外，也可采用诱导器的方式实现诱导缝张开。诱导器包括两个部件，将两个部件组合设置于诱导缝中，诱导裂缝在此发生，同时也能防止渗漏水。

4.2.5 变形缝、诱导缝中使用的中埋式止水带有两种材质，一种为橡胶材质，另一种为橡胶与钢片复合材质。橡胶材质的中埋式止水带上设有较多凸缘，以便与混凝土咬合。钢边橡胶止水带利用钢片与混凝土握裹力强的特点进行咬合。条文所示的中孔型止水带对结构伸缩和沉降具有良好的适应性，因此适用于变形缝和诱导缝中。除条文所示断面形式外，也可采用符合国家标准的其他断面形式。

4.2.6 外贴式止水带设置在结构迎水面，因此采用水泥砂浆找平、胶粘剂等方式使其与防水层或围护结构表面密贴。外贴式止水带设置时，其中心线应与变形缝、诱导缝的中心线重合。

4.2.7 内装可卸式止水带在受损丧失防水功效的情况下可拆卸予以更换，通常作为变形缝防水的第二道防线。

设置内装可卸式止水带的变形缝应在底板装饰层中设置一根排水管，将变形缝内表面凹槽中的积水排至车站排水系统中。

由于内装可卸式止水带的安装和施工较繁琐，断面尺寸较大的出入口变形缝不建议使用。

4.2.8 为确保排水顺畅，排水槽宜保持不小于 3‰ 的坡度。区间如采用诱导缝作为分缝形式，顶板诱导缝的排水槽与侧墙落水管相连，因区间侧墙安放电缆的桥架设置间距40cm~50cm，遇落水管处桥架无法设置导致电缆安装困难，故宜在侧墙诱导缝内表面预留凹槽，以便落水管能安装在凹槽内，不影响后期桥架、电缆的施工，形成内置式落水管。

4.2.9 变形缝不能成环设置时，背水面无须采用高模量密封胶。

4.3 其他细部构造

4.3.7 零覆土结构防水细部构造。

1 对于一般露天地面道路铺装层或建筑铺装层，其维修翻新的时间间隔远小于地下结构本身，故零覆土结构段的接缝伸缩缝上部构造应能适应伴随铺装层整修的情况，便于翻新。

3 W形氯丁橡胶防水密封带主要材料性能指标应符合表1的要求，依据现行国家标准《高分子防水材料 第4部分：盾构法隧道管片用橡胶密封垫》GB/T 18173.4第4.3.1条的表2，结合使用部位特点，硬度取原表上限值，拉伸强度进行适当提高，由10.5MPa提高至13MPa。

表1 W形氯丁橡胶防水密封带材料性能指标

序号	项目	性能指标
1	邵尔A硬度（度）	≥60
2	拉伸强度（MPa）	≥13
3	拉断伸长率（%）	300

弹性混凝土指掺入橡胶颗粒及环氧树脂的混凝土，其主要性能指标应符合表2的要求。弹性混凝土尚无行业规范，但伸缩缝两侧设置抗冲击性能更好的弹性混凝土是道路及桥梁工程伸缩缝构造的一种做法，可有效减缓冲击效应，延长伸缩缝节点使用寿命。工程实践及相关试验类研究结果表明，掺入橡胶颗粒的环氧砂浆混凝土强度略低于普通混凝土，因此表2中抗压强度下限按略低于C25混凝土抗压强度选取，与水泥混凝土、沥青混凝土的粘接抗拉强度参照工程经验提出。

道桥用改性沥青防水卷材材料性能指标应满足表 3 的要求。

表 2 弹性混凝土材料性能指标

序号	项目	性能指标
1	抗压强度(MPa)	≥24
2	与水泥混凝土的粘接抗拉强度(MPa)	≥1.8
3	与沥青混凝土的粘接抗拉强度(MPa)	≥0.6

表 3 道桥用改性沥青防水卷材材料性能指标

序号	项目	指标
1	总厚度(mm)	≥4.5
2	下涂层厚度(mm)	≥2.8
3	低温柔度(℃)	−25
4	耐热性(℃)	115
5	最大抗拉力(50N/50mm)	≥800(纵、横向)
6	最大拉力时延伸率(%)	≥40(纵、横向)
7	热碾压后抗渗性	0.1MPa,30min 不透水
8	50℃剪切强度(MPa)	0.12

在零覆土条件下，防水卷材应能满足温度大范围变化时的使用要求，同时应具有较好的抗冲击及抗碾压能力。

在零覆土条件下，伸缩缝的收缩量或张开量变化幅度相对较大，应采用具有相应变形能力的止水带。

5 盾构法与TBM法防水细部构造

5.1 管片接缝

5.1.1 图5.1.1 (b) 为复合型的一种形式，也可使用内嵌式复合型橡胶密封垫。

5.1.2 挡砂条可阻挡细小砂石和油脂渗入至密封垫之间，确保密封垫处于安全压缩状态。从施工角度考虑，遇水膨胀橡胶材质的挡砂条在满足现行国家标准《高分子防水材料 第4部分：盾构法隧道管片用橡胶密封垫》GB/T 18173.4 的前提下，宜选用硬度较小的材料。

5.1.5 胶粘剂的阻燃性指标测试方法：将测试装置图中10mm圆铁棒的前端120mm全部涂满胶粘剂，厚度应大于0.5mm，夹在支架上即做点燃试验。用酒精灯在顶端点燃，3s 使圆铁棒上胶粘剂着火，然后移去酒精灯。移去酒精灯后，应在10s内将火熄灭（图1）。试验室的温度应符合现行国家标准《橡胶物理试验方法 试样制备和调节通用程序》GB/T 2941 的规定；粘接面剪切强度的测试方法参照现行国家标准《硫化橡胶 与金属粘接拉伸剪切强度测定方法》GB/T 13936 执行。

5.1.6 螺栓孔密封圈外形除应与沟槽相匹配外，在满足止水的条件下，螺栓孔密封圈断面宜小，且应有利于压密止水或膨胀止水。

5.1.7 当单次纠偏量超过3mm时，密封垫顶部宜加贴遇水膨胀橡胶片。

5.2 始发、接收洞口

5.2.1

3 盾构机头外壳表面一般要求不得有凸出物，因为盾构机

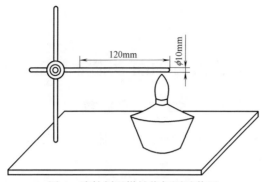

图 1 胶粘剂阻燃性指标测试装置

穿越洞口时帘布橡胶板紧密包覆于机头外表面,凸出物会造成帘布橡胶板受损。但是一些特殊的软土地层中采用的盾构机,其注浆装置外置于机壳表面,且注浆装置的外形构造呈圆弧形,故允许应用于工程中。另为避免盾构机头出发顶进时撕裂帘布橡胶板,机头外壳表面宜涂黄油。

5.3 手孔封堵

5.3.1

2 图 5.3.1-2 是以上海地区为代表的塑料保护罩构造形式,保护罩内表面设计了螺纹线与不规则麻点,以利于与充填的防腐砂浆紧密结合;保护罩顶部设计了圆孔,确保砂浆充填时空气可顺利排出。另根据螺栓各类充填材料防腐试验结果,宜采用丙烯酸乳液防腐蚀水泥砂浆作为充填的首选材料。

5 塑料保护罩性能指标中的氧指数为阻燃性要求。

5.4 管片接缝嵌缝

5.4.1 背衬材料起到隔离作用,使嵌缝材料仅与嵌缝槽的两侧粘接。

5.5 联络通道接缝

5.5.2 接水盒应在保证渗漏水有序排放的前提下设置。

6 矿山法防水细部构造

6.1 变形缝

6.1.1 矿山法结构变形缝防水细部构造与明挖法结构变形缝基本相同，但存在以下区别：

1) 矿山法结构变形缝迎水面具备整环设置外贴式止水带的条件，如果选用塑料防水板作为全包防水层，变形缝设置的外贴式止水带材质应与塑料防水板材质一致，便于两者之间热熔焊接，热熔焊接的良好封闭性可将局部产生的渗漏水限制在单一区域内，避免产生窜水现象。

2) 矿山法结构变形缝原则上不考虑采用内装可卸式止水带，由于矿山法结构通常为马蹄形断面，结构内表面形状较复杂，对可卸式止水带配套的压件系统排布方式及加工精度的要求极高，难以保证止水带的安装质量。

6.1.2 接水盒应在保证渗漏水有序排放的前提下设置。

6.2 施 工 缝

6.2.1 矿山法结构作业环境不同于敞开式明挖结构，暗挖的混凝土基面为遇水膨胀止水胶等水膨胀类材料提供了良好的施工条件。但因现场水膨胀类材料的施工质量良莠不齐，因此应与止水带组合使用。

6.3 排水系统

6.3.1 本条文根据近年来重庆等城市矿山法隧道及地下轨道交通工程实践经验制定，经过几年来的应用，效果较好。

矿山法结构设置排水系统主要针对某些地区（如重庆等地）承受水压很大的结构，需通过排水措施降低水压，为结构按常压设计提供可行性。而另一些地区，特别是我国北方地区，城市地质条件适合采用矿山法施工，结构承受的水压并不大，无须考虑排水措施。

6.3.4 由于软式透水管有一定的直径，设置了软式透水管的二次衬砌混凝土保护层厚度会受到影响，因此初衬施工完成后，宜采用在初衬开槽的方式设置软式透水管。

6.3.6 为便于以最快的速度将软式透水管中的地下水排出，横向导水管的设置位置应尽量靠近环向软式透水管或与环向软式透水管对齐。横向导水管与软式透水管相连并引出二次衬砌时，必将穿过初衬与二次衬砌之间的夹层防水层，导水管与防水层之间应确保密封，避免窜水，本条文给出两种常见的横向导水管与防水层之间的密封方式，其中采用自粘丁基橡胶薄片结合两道钢箍的密封方式具有较可靠的水密性，但现场施工较繁琐，而采用丁基橡胶防水密封胶粘带的方式虽然水密性稍差，但具有施工方便的优势。

6.3.7 由于地铁车站防水等级为一级，不允许渗水，结构表面无湿渍，为满足车站防水等级要求，在矿山法车站范围内不设横向导水管，而将水排至相邻的矿山法区间。

6.3.8 当矿山法车站与盾构法区间相接时，软式透水管或单壁双波纹管汇集的水无法向盾构区间引排，因此仅能在矿山法车站最低点集中排放。

7 顶管法防水细部构造

7.1.3 管节顶进过程中,通过对楔形橡胶止水圈的压密产生反弹力,达到管节接缝水密的效果。